Émilie Hubert, 1980 in den belgischen Ardennen geboren, lebt heute in Brüssel. Sie unterrichtet Französisch und liebt die Literatur.

Maud Roegiers, Jahrgang 1982, wurde wie ihre Cousine Émilie Hubert in Belgien geboren. Sie ist Illustratorin, Malerin, Fotografin und Designerin.

Alibri Verlag GmbH
www.alibri.de

Erste Auflage 2018
Copyright by Alibri Verlag, Postfach 100 361, 63703 Aschaffenburg

Aus dem Niederländischen übersetzt von Johnny Van Hove

Titel der Originalausgabe: De zachtgekookte aarde
Copyright 2010 by Clavis Uitgeverij

Druck und Verarbeitung: Nikara, Slowakei
Umschlag: Claus Sterneck
Titelgraphik: Maud Roegiers

ISBN 978-3-86569-263-4

Émilie Hubert & Maud Roegiers

Die weichgekochte Erde

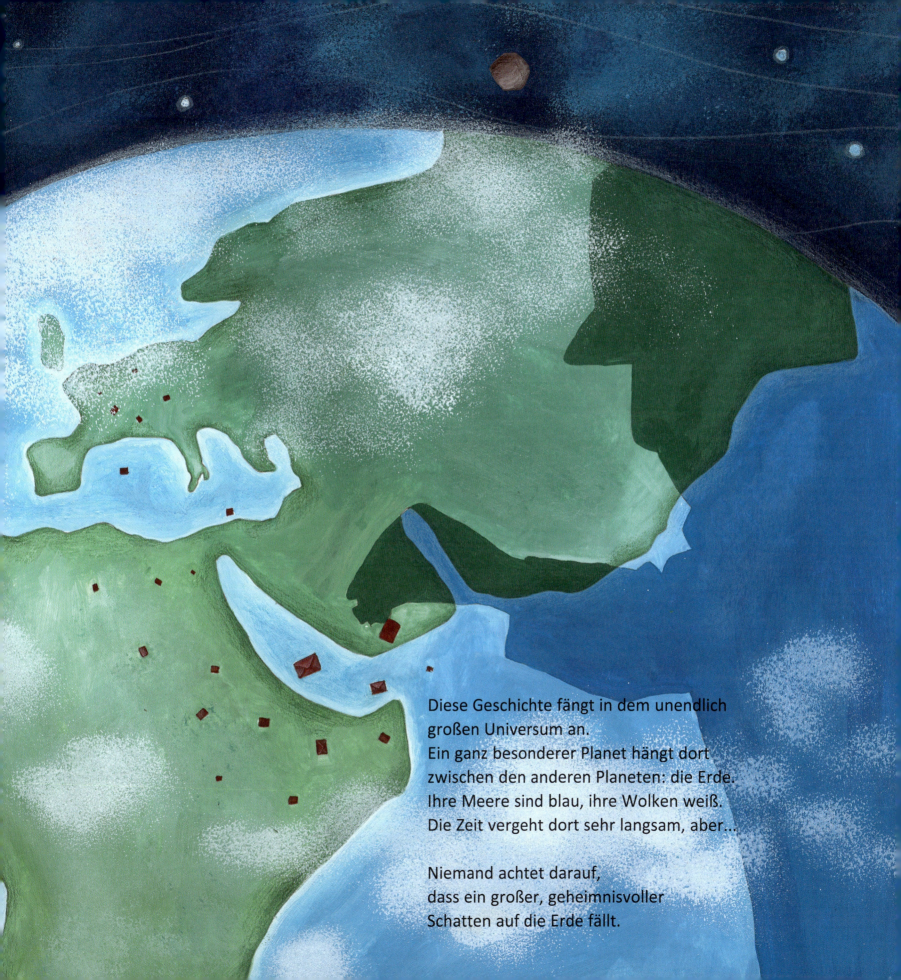

Diese Geschichte fängt in dem unendlich
großen Universum an.
Ein ganz besonderer Planet hängt dort
zwischen den anderen Planeten: die Erde.
Ihre Meere sind blau, ihre Wolken weiß.
Die Zeit vergeht dort sehr langsam, aber...

Niemand achtet darauf,
dass ein großer, geheimnisvoller
Schatten auf die Erde fällt.

NAME: Professor Neugierig
LEIDENSCHAFT UND BERUF: Astronom
STANDORT: Observatorium
LIEBLINGSGERICHT: Omlett
SCHÄDEL: eiförmig
BESONDERE EIGENSCHAFT: kann ohne seine Brille die Hand vor Augen nicht sehen

Genau zu dieser Zeit beobachtet Professor Neugierig die Sterne im Observatorium.
Plötzlich sieht er durch sein Fernrohr, wie eine Menge roter Briefe aus dem Weltall auf die Erde fällt. Er ist besorgt.
Und wenn Professor Neugierig besorgt ist, kratzt er sich am Kopf.
„Was für ein seltsames, bizarres, trauriges Ereignis", murmelt er vor sich hin.
„Wo um Himmels willen kommen all diese Umschläge her?"

UTENSILIEN EINES ASTRONOMEN

Lupe   Kamera

Fernrohr

Professorenbrille

Einige Stunden später ist etwas Sonderbares los im Dorf in der Nähe des Observatoriums. Postboten schleppen ihre Taschen voller unerwarteter Briefe. „Pooost. Heute außergewöhnliche Mittagspooost", rufen sie.

SUMMM KLICK KLICK

Einer der geheimnisvollen roten
Umschläge aus dem All fällt
bei Professor Neugierig herunter.
Weil er bloß dem Aufmerksamkeit widmet,
was er durch sein Fernrohr sehen kann,
hört der Professor das Geklapper seines
Briefkastens nicht.

Er beachtet nur die Sterne und kann seinen Brillengläsern kaum glauben.
„Es ist unglaublich, schrecklich, unerklärlich", ruft der Professor entsetzt.
„Die Planeten sind geplatzt, gespalten, zerbrochen!"

(Hey, Professor Neugierig, vergiss bitte nicht, deinen Brief zu lesen!)

„Tausend Sterne und Kometen, wer hat denn diesen Brief geschickt?!"

Pieep-pieeep-mieeep! Brrrrr... TACK-TACK-TACK!

„Um Himmels willen, was für ein Lärm, was für ein Krach, was für ein Trubel!", ruft der Professor, während er verzweifelt an seinen verbliebenen Haaren zieht.
Er läuft von seinem Fernrohr und den zerbrochenen Planeten zum Fenster und schaut hinaus.

Was für ein Spektakel!
Das ganze Dorf ist in Aufruhr.
Eine Menschenmenge hat sich am Postamt
versammelt, um die Geschenke
abzuholen, die der Brief versprochen hat.

Professor Neugierig ist völlig durcheinander.
„Sind nun alle komplett VERRÜCKT geworden?"

Bis spät in die Nacht hört der Professor das Dröhnen der Motoren und Maschinen. Das ganze Dorf probiert die Geschenke aus.

Nur wenige Tage später ist die ganze Welt in diesem Wahnsinn gefangen! Das Schlafzimmer des Observatoriums ist heiß geworden, erstaunlich heiß.

In dieser Nacht nähert sich langsam ein großer Schatten…

Am nächsten Morgen wacht der Professor sehr früh auf.
Es ist auch viel zu warm, um im Bett liegen zu bleiben...
Um keine Zeit zu verschwenden, sieht er sich beim Frühstück
die Bilder an, die sein Fernrohr letzte Nacht gemacht hat.
Wie gelähmt schaut er sie an und murmelt:
„Die Ähnlichkeit ist beeindruckend, erstaunlich, unerhört!"
„Weichgekochte Eier... Das ist es! Die Planeten sind..."

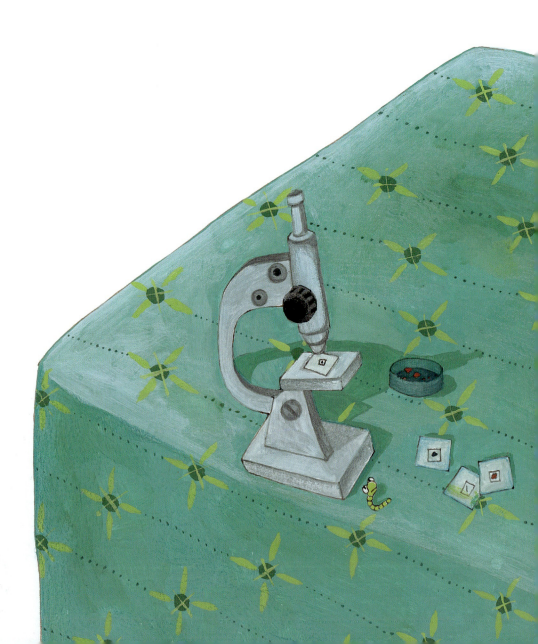

Der Professor rennt aus dem Observatorium und ruft:
„Wartet! Stopp! Hört auf, bevor es zu spät ist."

Mit einem Thermometer in der Hand ruft er allen,
die er trifft, zu: „Es wird wirklich zu heiß!
Die Erde erreicht den Siedepunkt und ..."
„Koch lieber ein Ei für dich selbst, alter Narr!",
murrt ihm ein eiliger Passant zu.

DRRRRI

Zu spät! Die Zeit ist abgelaufen!

Die Erde stöhnt unter einem heftigen Schock...
Der Boden bebt und platzt auf.
Plötzlich entsteht ein Riss über der gesamten Erde.

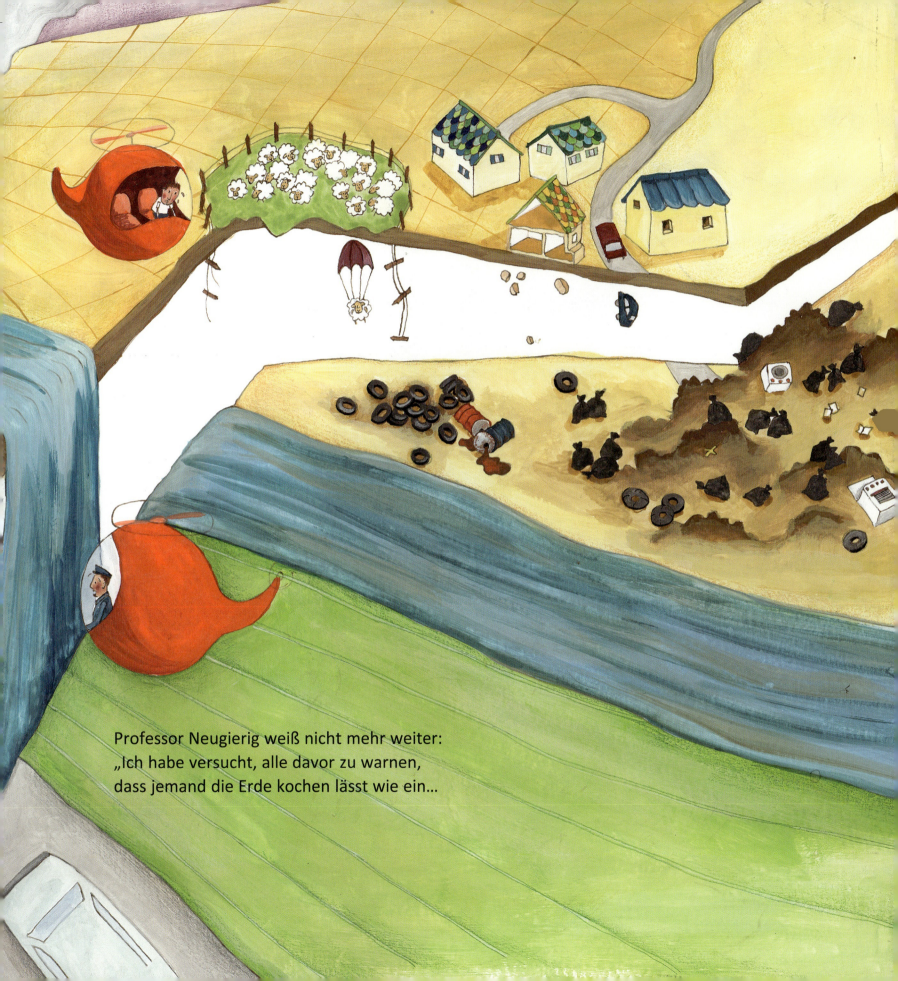

Professor Neugierig weiß nicht mehr weiter:
„Ich habe versucht, alle davor zu warnen,
dass jemand die Erde kochen lässt wie ein...

... weichgekochtes Ei."

0,6 Grad in einem Jahrhundert? Das ist eine unglaubliche, blitzschnelle, beunruhigende Erwärmung!

Die Erwärmung der Erde, was ist das eigentlich genau?

Seit Milliarden von Jahren verändert sich das Klima ständig: es ist warm, dann eiskalt und dann wieder warm. Klimaveränderungen haben das Leben auf der Erde drastisch beeinflusst. Manche Tierarten sind verschwunden, andere sind dazu gekommen.
Im letzten Jahrhundert hat sich die Temperatur um durchschnittlich 0,6 Grad erhöht, was eine außergewöhnliche Erwärmung ist. Wissenschaftler weltweit haben die Klimaveränderungen der Vergangenheit untersucht und nachgewiesen, dass die heutige Erwärmung durch menschliche Aktivität verursacht wird: Industrie, Verkehr, Landwirtschaft... Wir stoßen Treibhausgase in die Atmosphäre, die die Temperatur erhöhen und große Veränderungen verursachen.

Was sind die Auswirkungen?

Ingenieure, Physiker, Astronomen und Biologen haben die Folgen der globalen Erderwärmung untersucht. Seit mehr als zehn Jahren beobachten sie die ständigen Klimaveränderungen. Eisoberflächen, wie beispielsweise der Nordpol, und Gletscher schmelzen rapide. Dadurch steigt der Meeresspiegel und tieferliegende Gebiete werden langsam, aber sicher überflutet.
Fauna, Flora und Biodiversität werden bedroht: Manche Baumarten und Blumen wachsen nicht länger in unserer Region und Pflanzen und Tierarten verschwinden. Naturkatastrophen wie Hurrikans und Überschwemmungen finden häufiger statt...

Die Erde sollte kein weichgekochtes Ei werden! Was können wir selbst für unseren Planeten tun?

Wir müssen Lösungen dafür finden, um den Ausstoß von Treibhausgasen zu mindern oder sogar zu stoppen.
Dadurch wird verhindert, dass das Klima noch mehr gestört wird.
Um dieses Ziel zu erreichen, müssen wir unsere Lebensweise verändern, wie wir essen und uns bewegen.

Wirst auch du deinen Teil dazu beitragen?

Transport
Mit dem Fahrrad oder mit Inlineskates, mit dem Pferd und Roller oder auf Händen und Füßen:
Es gibt tausende Arten, sich ohne Motor fortzubewegen.

Essen
Gemüse und Obst der Saison aus der eigenen Region verringern
die Umweltbelastung, weil sie weniger Transport und weniger Beheizung
von Gewächshäusern brauchen. Versuche auch, weniger Fleisch zu essen,
denn durch die Fleischproduktion wird Energie verschwendet.

Kleidung
Folge nicht immer dem Modetrend, sondern kaufe
nachhaltige Kleidung oder gebrauchte Kleidung.
Tausche Klamotten, die du nicht mehr trägst, mit Freunden.

Kaufverhalten
Kaufe am besten nützliche Dinge und nachhaltige Produkte
mit einer langen Lebensdauer.
Verschenke, was du nicht mehr benutzt und verleihe, was du selten brauchst.

Es bleibt noch viel zu tun, damit unser Planet kein weichgekochtes Ei wird!

Wie kochst du ein weichgekochtes Ei?

Vielleicht hat dieses Buch dich hungrig gemacht...
Schau mal in der Küche nach, ob noch Eier da sind
und bitte einen Erwachsenen, ob er/sie dir helfen kann, ein weichgekochtes Ei zu kochen.

ein Topf mit Wasser — ein Eierbecher — 1 Ei pro Person — Butter

Salz — eine Scheibe Brot — ein Löffel

Fülle den Topf mit Wasser und erhitze das Wasser auf dem Herd bis es kocht.
Lege das Ei auf den Löffel, wenn das Wasser kocht, und lasse es vorsichtig
am Topfrand auf den Boden sinken. (Das verhindert, dass das Ei zerbricht).
Warte genau 3 Minuten, sobald das Wasser erneut kocht.
Schalte den Herd aus, nimm das Ei mit einem Löffel aus dem Wasser,
gieße das kochende Wasser in das Spülbecken und fülle den Topf mit kaltem Wasser.
Lege das Ei in einen Eierbecher und bereite die Scheibe Brot vor, indem du sie mit Butter bestreichst und
sie in Stücke schneidest, damit du sie in dein Ei eintunken kannst.
Köpfe das Ei und streue Salz darauf, bevor du die Brotstücke eintunkst.

Der Witz mit der leeren Eierschale

Wenn die Oberfläche deiner leeren Eierschale weder verdreckt noch zerbrochen ist,
kannst du Mama, Papa oder einem Freund einen Streich spielen:
Stelle die leere Eierschale kopfüber in deinen Eierbecher.
Es sieht nun so aus, als ob darin ein frisch gekochtes Ei steht, nicht wahr?
Schenke jemandem dein Ei und frage: „Willst du mein Ei haben? Ich bin satt."
Wer nicht gut aufpasst, wird bestimmt getäuscht!

Mache deinen eigenen Professor Neugierig-Eierbecher

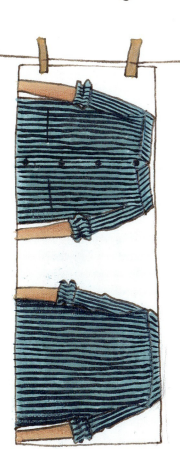
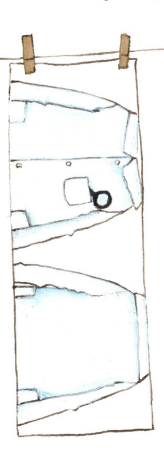
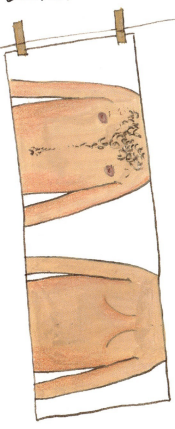

Material für zwei Eierbecher

- 1 leere Rolle Klopapier
- 2 Streifen dickes Papier, Maße 5 x 14 cm
- Buntstifte
- Klebeband oder Klebstoff
- Schere

Schneide die Rolle in zwei gleiche Teile.
Diese sind die Grundlage für die zwei kleinen Eierbecher.
Bemale die Streifen aus Papier mit Buntstiften:
Zeichne die Klamotten des Professors.
Zeichne seinen Pyjama, seinen Labormantel, seine nackte Brust,
seinen Rücken und einen Anzug, den du selbst erfunden hast.
Befestige die geschmückten Streifen mit Klebeband oder Klebstoff an der Rolle.
Setze dein weichgekochtes Ei auf deinen kleinen Eierbecher und
zeichne das Gesicht und die Brille des Professors darauf.
Iss Professor Neugierig nun auf und du wirst sicherlich auf Ideen kommen, was du machen kannst,
damit die Erde kein weichgekochtes Ei wird.